メロンパンdeコッ

# 日本媽媽獨創，可愛造型波蘿麵包大公開

# 超萌‧百變
# 造型波蘿麵包

## 在家做出超驚豔波蘿麵包 50 款

花田惠理子——著　　蔡麗蓉——譯

## 前言

　　感謝大家的喜愛，買下了這本書。如果這本書能讓大家開心的動手做做看，對我來說就是最開心的一件事。

　　當初我會開始著手烘焙造型波蘿麵包，其實是因為我家小兒子從小食欲不佳的緣故。那時候他最喜歡吃的就是波蘿麵包，因為希望他能多吃一些，所以開始嘗試自己動手做。

　　看到他露出開心的表情，讓我喜不自勝，結果欲罷不能一路求新求變。後來小兒子的食欲完全恢復正常，這也讓我愈發樂於烘焙造型波蘿麵包。在這樣的機緣下，催生出這本烘焙書。希望大家也能在家開開心心地自由創作造型波蘿麵包。

　　真的非常感謝因為看了社群網路以及料理網站之後，開始動手做「造型波蘿麵包」的朋友，謝謝大家的支持。而如今我們能夠像這樣快樂地烘焙波蘿麵包，全多虧了當初有人發明「波蘿麵包」，才得以從日本開始發揚光大流傳於世。

　　向先人致上敬意的同時，我也要誠摯地感謝我的丈夫，為這本書命名作《造型波蘿麵包》。

花田惠理子

# Contents

CHAPTER **1**

# 作法超簡單的造型波蘿麵包

CHAPTER **2**

# 小動物造型的
# 波蘿麵包

CHAPTER **3**

# 活力春夏的
# 造型波蘿麵包

＼利用偏硬質的波蘿皮麵團／
製作小配件，盡情點綴……91

CHAPTER **4**

# 熱鬧秋冬的
# 造型波蘿麵包

------------------------------

# 「造型波蘿麵包」的
# 特色是什麼？

## 親子共樂一起動手做
## 動動腦筋發揮無限創意

「造型波蘿麵包」就是由你親手製作，最可愛的獨創波蘿麵包。

與一般波蘿麵包最大的不同，就是看起來完全不像波蘿麵包，而且可以自行隨意設計造型。

將覆蓋在麵包表面的波蘿皮麵團變化不同的顏色及形狀，或是用餅乾壓模將麵團壓出造型再黏上去，藉由調色及餅乾壓模的變化，就能製作出外觀多姿多彩的「造型波蘿麵包」。

「外觀要變成什麼樣子」、「麵包想呈現什麼顏色」，這些你都可以發揮自己的創意，自由地千變萬化。

你可以運用天然色粉以及食用色素盡情調製色彩，也可以活用餅乾壓模或是益智玩具附的配件，和孩子一同享受烘焙的過程，這也是「造型波蘿麵包」的一大特色。

烘焙出專屬你的「造型波蘿麵包」，送給最愛的人！

# 基本材料與工具

### 即發乾酵母粉 1/2 小匙
這是將酵母菌乾燥而成的產品，烘焙麵包時絕對少不了。

### 牛奶 30g
加入牛奶能讓麵包的風味更加豐富。

### 攪拌盆和刮板
攪拌盆用來混合麵包麵團，刮板用來分割麵團。

### 高筋麵粉 140g
你也可將 10% 的高筋麵粉改用低筋麵粉、樹薯粉、玉米粉、太白粉、米粉等材料，變化出不同的口感。另外在加入可可粉調色時，須扣除等量的高筋麵粉。

### 噴霧罐（水）
在麵包麵團上噴水，以防止乾燥，或是用來黏貼波蘿皮麵團。

### 水 55g
用量會影響麵團最後呈現的結果，所以要特別留意。

### 無鹽奶油 15g
也可以使用有鹽奶油，但是這個階段須減少鹽的用量。

### 鹽 1/3 小匙
鹽有助於緊實麵團，營造彈性。

### 上白糖 2 小匙
除了能提升風味，還有助於麵包順利發酵。

### 8 ～ 10cm 的四方形烘焙紙 ×6 張
烘烤時將分割好的麵包麵團擺在上面。

## 製作麵包麵團

# 製作波蘿皮麵團

**擀麵棍**
用來將波蘿皮擀開。

**上白糖 25g**
藉由濃厚甜度烤出濕潤的波蘿皮。

**攪拌盆和刮刀**
用來混合波蘿皮麵團。

**低筋麵粉 80g**
作為波蘿皮麵團的基本原料。

**無鹽奶油 50g**
添加的無鹽奶油的種類不同,也會有不同的風味。

**牛奶 1 又 1/2 小匙**
麵團遇到雨季或夏季會變濕,不同季節也會影響室溫,因此需要視天氣和氣候增減牛奶用量,調整麵團的柔軟度。

**保鮮膜**
防止食物變乾燥,或是在整平波蘿皮麵團時使用。

**餅乾壓模**
用來壓出波蘿皮麵團的造型。

**量匙**
方便用來測量分量,建議事先備用。

**底紙**
用烘焙紙將牛奶盒包起來的底紙。事先備妥可用來擺放壓出造型後的波蘿皮麵團,操作起來會更方便。

# 如何製作「造型波蘿麵包」?

造型波蘿麵包看起來很難，做起來其實一點都不難。
先將波蘿皮麵團和麵包麵團準備好，再黏上去烤一烤即可。
3個步驟就能完成討人喜愛的造型波蘿麵包。

## STEP1 ⋮ 製作波蘿皮麵團

### ✕ 材料 （6個波蘿麵包）

· 無鹽奶油…50g
· 上白糖…25g
· 牛奶…1又1/2小匙
· 低筋麵粉…80g
· 色粉…1/3～1/2小匙左右

波蘿皮麵團在烘烤麵包的前一天先做好，冰在冷凍庫裡靜置，方便使用。色粉的用量請依個人喜好增減，調整濃淡。如有加入促進發色的食用色素時，請先加入極少量觀察看看。

### ① 混合

將無鹽奶油充分攪拌，混入上白糖、牛奶，加入過篩後的低筋麵粉再直接攪拌均勻。

### ② 上色

分出幾個麵團球，分別調和不同的顏色。為了讓原色麵團的軟硬度與調色麵團一致，須另外加入低筋麵粉。

## ③ 擀開

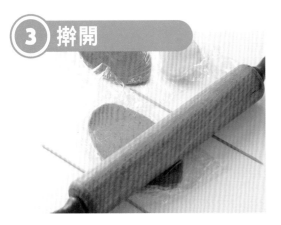

將麵團揉圓後用保鮮膜包起來，以擀麵棍擀開整平（於兩側放置竹籤再擀平，這樣厚度才會一致）。

## ④ 塑型

在喜愛的餅乾壓模上撒粉（材料分量外），同時在麵團上壓出造型。壓出造型後，先不用把壓出形狀的麵團取出來，直接把整塊麵團放入冷凍庫裡冰15分鐘，讓麵團靜置。

## ⑤ 取出

將壓出造型的麵團一個個取出後排放在底紙（參閱p.11）上。剩餘的麵團也和作法③一樣擀開後取出。

## ⑥ 放入冰箱

將所有壓好造型的麵團製作好後蓋上保鮮膜，冰在冷凍庫裡靜置至隔天再使用。

# STEP 2 ⋮ 製作麵包麵團

## 🍴 材料 （6個波蘿麵包）

- 高筋麵粉等粉類…140g
- 即發乾酵母粉…1/2小匙
- 上白糖…2小匙
- 鹽…1/3小匙
- 牛奶…30g
- 水…55g
- 無鹽奶油…15g

　　波蘿皮麵團做好後，接下來要製作麵包麵團。除了高筋麵粉之外，將10％的粉料改成樹薯粉、太白粉、玉米粉或是米粉等材料的話，麵包吃起來會更有彈性。如果改用20％的低筋麵粉，口感則會變得鬆軟。

### 1 混合

除了奶油之外，將所有材料倒入攪拌盆中，充分攪拌約5分鐘左右。

### 2 揉和

加入奶油後與麵團揉和在一起，充分手揉約10分鐘左右。

### 3 揉圓

一面使表面平整，一面集中成一個麵團。

### 4 基本發酵

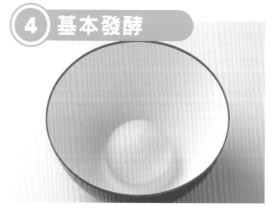

利用烤箱的發酵功能，以35度發酵40～50分鐘。

### ⑤ 膨脹

基本發酵過後，會膨脹成近2倍大。

### ⑥ 分割滾圓

輕拍膨脹的麵團去除空氣，分割成6個後滾圓（1個約40g多一點）。

### ⑦ 中間發酵

噴水後蓋上保鮮膜，放在室溫下發酵10分鐘。

### ⑧ 滾圓

輕拍去除空氣，再滾圓使表面變平整。

### ⑨ 最後發酵

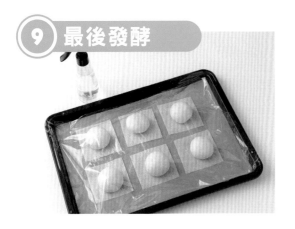

噴水後，利用烤箱的發酵功能以35度發酵20分鐘（室溫為25度左右時需要40～50分鐘）。

# STEP3 ： 將波蘿皮麵團黏在麵包麵團上進行烘烤

讓 STEP1 做好的波蘿皮麵團與 STEP2 做好的麵包麵團合體。將波蘿皮麵團黏在麵包麵團上的過程中，麵包還是會持續發酵，因此雙手最好要加快速度。還沒上手之前，可以先完成3個麵包就好，剩下的3個麵包蓋上保鮮膜冰在冷凍庫裡，延遲麵包的發酵速度，之後再繼續做。烘烤時，也不妨3個、3個分開來進行。另外，不同機種的烤箱烤出來的麵包會有所差異，請依照每個人家裡的烤箱調整溫度及時間。

### 1 黏貼

麵包麵團噴水後，從頂點依序緊密地黏上冷藏後的波蘿皮麵團。

### 2 調整形狀

用波蘿皮麵團覆蓋整個麵包麵團後，蓋上保鮮膜確實壓合，調整外型。

### 3 撒糖

依照個人喜好將細砂糖撒在整個麵包上。

### 4 烘烤

將麵團放在烘焙紙上，以預熱至170度的烤箱烤17分鐘左右。

**⑤ 完成**

完成了！

若要另外加上裝飾的話，須等放涼後再
進行。

還可以這麼做

使用麵包機也沒問題

製作麵包麵團的作法①～④（p.14），
也可以使用麵包機來製作。

利用保鮮膜黏貼波蘿皮麵團

可將波蘿皮麵團擺在保鮮膜上，
再整個蓋在麵包上。

# CHAPTER 1

# 作法超簡單的
# 造型波蘿麵包

先從基本的愛心
及星星造型開始做！

# 愛心

HEART

先來試試簡單黏貼的作法，
讓親朋好友驚豔一下！
調整一下排列方式，
就能玩出千變萬化的造型。

親手製作展現真心誠意

# 愛心造型波蘿麵包

## 🍴 材料

－波蘿皮麵團－
請參考p.12的材料。

－波蘿皮麵團與調色－
色粉用量各1/3～1/2小匙，用量請依個人喜好增減。

· 白色（低筋麵粉）
· 咖啡色（可可粉）
· 粉紅色（蔓越莓粉）

## 🍴 作法

1 波蘿皮麵團分成3等分，1份維持原色（低筋麵粉），2份進行調色。

2 麵包麵團分割成6個後滾圓（作法：p.14）。

3 波蘿皮麵團用愛心壓模壓出形狀後，黏在噴過水的麵包麵團上，依個人喜好撒上細砂糖。

4 以預熱至170度的烤箱烘烤17分鐘左右就完成了。

21

# 星星

STAR

市售的星星壓模，
無論種類或大小都有各種選擇。
請大家選用喜歡的造型，
做出閃亮亮的造型波蘿麵包吧！

和小朋友一起挑戰

# 星星造型
# 波蘿麵包

## ✕ 材料

－波蘿皮麵團－

請參考p.12的材料。

－波蘿皮麵團與調色－

色粉用量各1/3～1/2小匙，用量請依個
人喜好增減。

・黃色（南瓜粉或南瓜片）

・綠色（少量抹茶粉加上食用色素增色）

・橘色（辣椒萃取色素）＊辣椒色素並
無辣味，可安心添加。

## ✕ 作法

1. 波蘿皮麵團分成3等分，分別調色。
想要更顯色時，可加入極少量的食用
色素。

2. 麵包麵團分割成6個後滾圓（作法：
p.14）。

3. 波蘿皮麵團用星星壓模壓出形狀後，
黏在噴過水的麵包麵團上，依個人喜
好撒上細砂糖。

4. 以預熱至170度的烤箱烘烤17分鐘左
右就完成了。

# 小花

## SMALL FLOWER

想不想運用小花壓模，
讓色彩繽紛的麵包花朵朵綻放？
烤好後加上裝飾，
看起來更耀眼華麗。

Pineapple
Bun

03

花色可依照個人喜好改變

# 小花造型
# 波蘿麵包

## 🍴 材料

─ 波蘿皮麵團 ─
請參考p.12的材料。

─ 波蘿皮麵團與調色 ─
色粉用量各1/3～1/2小匙,用量請依個
人喜好增減。
·白色（低筋麵粉）
·黃色（南瓜粉或南瓜片）
·紫色（紫薯粉）

## 🍴 作法

① 波蘿皮麵團分成3等分,1份維持原色
（低筋麵粉）,2份進行調色。

② 麵包麵團分割成6個後滾圓（作法:
p.14）。

③ 波蘿皮麵團用小花壓模壓出形狀後,
黏在噴過水的麵包麵團上,依個人喜
好撒上細砂糖。

④ 以預熱至170度的烤箱烘烤17分鐘左
右後放涼,再用糖霜在花朵的中心位
置裝飾一下就完成了。

**POINT**

烤好後等麵包放涼,再將糖霜擠在花朵中
心作裝飾。這次使用了紅色、白色、粉紅
色的糖霜（裝飾的材料:p.34）。

Pineapple Bun 04

波蘿皮壓出花朵造型後，再嵌入圓形的波蘿皮

# 大花造型波蘿麵包

## 🍴 材料

－波蘿皮麵團－

請參考p.12的材料。

－波蘿皮麵團與調色－

色粉用量各1/3～1/2小匙，用量請依個人喜好增減。

- ・白色（低筋麵粉）
- ・粉紅色（蔓越莓粉）
- ・橘色（辣椒萃取色素）＊辣椒色素並無辣味，可安心添加。

## 🍴 作法

1. 波蘿皮麵團分成3等分，1份維持原色（低筋麵粉），2份進行調色。
2. 麵包麵團分割成6個後滾圓（作法：p.14）。
3. 將組合好的花朵造型波蘿皮麵團，黏在噴過水的麵包麵團上，依個人喜好撒上細砂糖。
4. 以預熱至170度的烤箱烘烤17分鐘左右就完成了。

### POINT

花朵中心部位可用壓模或吸管壓出圓形，再嵌入其他顏色的麵團。分界線用指尖壓一壓，讓不同色的麵團融為一體，以免出現空隙。

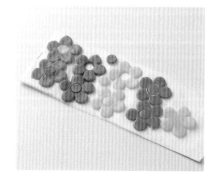

# 大花

BIG FLOWER

小花做完之後，
這次改用大一點的花朵壓模，
將中心部位的麵團換個顏色，
盡情享受烘焙的樂趣！

# 足球

SOCCER BALL

熱愛足球的小朋友保證很喜歡！
利用五角形、六角形的組合搭配，
就能做出像真的足球一樣的花樣。

Pineapple Bun
05

讓隨手可得的材料大變身

# 足球造型 波蘿麵包

## ⚒ 材料

－波蘿皮麵團－

請參考p.12的材料。

－波蘿皮麵團與調色－

色粉用量請依個人喜好增減。

· 白色（低筋麵粉：1小匙）
· 黑色（純黑可可粉：1/2小匙）

**POINT**

先用牛奶盒製作2個餅乾壓模（紙模：p.134）。每1個足球需要壓出6片黑色波蘿皮（五角形）、10片白色波蘿皮（六角形），排放在底紙（參閱p.11）上冰起來備用。在麵包麵團上仔細噴水後，從頂點的黑色依序將波蘿皮一片片排列黏上去就完成了。

## ⚒ 作法

1. 將1/3分量的波蘿皮麵團以純黑可可粉調色。剩餘的麵團維持原色，因此須加入1/3～1/2小匙的低筋麵粉。

2. 麵包麵團分割成6個後滾圓（作法：p.14）。

3. 波蘿皮麵團用五角形和六角形壓模壓出形狀後，黏在噴過水的麵包麵團上，依個人喜好撒上細砂糖。

4. 以預熱至170度的烤箱烘烤17分鐘左右就完成了。

# 文字

這次的麵包比以往的尺寸大一些，利用文字壓模將想說的話放上去，最適合在生日或活動等場合，當成禮物送給對方！

Pineapple Bun 06

## 透過麵包傳達想說的話
# 文字造型 波蘿麵包

## ✖ 材料

－波蘿皮麵團－

請參考p.12的材料。

－波蘿皮麵團與調色－

喜歡幾種顏色，便請將波蘿皮麵團分成
幾種顏色，分別調色後自由創作。

## ✖ 作法

1. 波蘿皮麵團隨個人喜歡的顏色調色。
調色用的色粉請依個人喜好增減。

2. 麵包麵團參考p.14，分割成4個後滾
圓。麵包麵團必須做得大一點，擺上
文字的波蘿皮麵團在烘烤後，才容易
辨識。

3. 波蘿皮麵團用文字壓模壓出形狀後，
黏在噴過水的麵包麵團上，依個人喜
好撒上細砂糖。

4. 以預熱至170度的烤箱烘烤17分鐘左
右就完成了。

# 裝點造型波蘿麵包真好玩

造型波蘿麵包最後的裝飾步驟也是相當重要的一個環節。接著就來為大家介紹用來裝飾的材料與如何操作。大家可以好好學起來，盡情發揮創意。

意想不到的材料也派得上用場喔！

❸ 巧克力筆

❷ 彩色糖珠或糖花

❹ 裝入擠花袋的波蘿皮麵團

❶ 黑芝麻

❼ 乾燥義大利麵

❺ 棉花糖糖霜

❾ 可可粉＋水

❿ 糖霜

❻ 細砂糖

❽ 冷凍草莓乾

❿ 加入純黑可可粉的糖霜

❻ 彩色砂糖

❶ 黑芝麻

壓進波蘿皮麵團裡再烘烤，看起來就會像動物的眼睛。

❷ 彩色糖珠或糖花

烘烤前壓進波蘿皮麵團裡，或是烘烤後再用糖霜或巧克力黏上去，就能盡情裝點造型波蘿麵包了。

❸ 巧克力筆

用熱水加熱軟化，將筆尖剪開後即可描繪。

❹ 裝入擠花袋的波蘿皮麵團

分取10g的基本波蘿皮麵團，將大約1/3小匙的牛奶加進去後軟化而成的波蘿皮麵團。利用食用色素等調色後，裝入小袋或擠花袋中，並將前端剪開1mm。將這些波蘿皮麵團擠在烤好的造型波蘿麵包表面上，畫出文字或圖案，以烤麵包機或烤箱（140度）烘烤表面約2分鐘。一般會用在復活節（p.66）等麵包上。

❺ 棉花糖糖霜

10g棉花糖淋上1/2小匙的水，再以微波爐加熱10～20秒，並加入40g糖粉後攪打成黏土狀，成型後自然乾燥使棉花糖變硬。通常會用來製作蜜蜂翅膀（p.50）以及雨傘的把手部分（p.75）。另外也可以自行設計，製作出各式各樣的裝飾或組件。

❻ 細砂糖、彩色砂糖

麵包在烘烤之前撒上砂糖，成品會閃閃發光、變得很好看。也十分推薦大家使用粉紅色的彩色砂糖。

❼ 乾燥義大利麵（例如細直麵等等）

一般都是用來沾取糖霜，將糖花黏在麵包上，或是製作蜜蜂、蝸牛以及瓢蟲（p.50～p.53）的觸角時使用。

❽ 冷凍草莓乾

麵包烤好後用來作裝飾。通常會用在情人節的麵包（p.117）。

❾ 可可液

將1/2小匙的水加入等量的可可粉中攪拌。可可液不像糖霜及巧克力很容易融化，因此一年四季都能用來畫東西。可用牙籤前端沾取後描繪，或是裝入小塑膠袋及擠花袋中擠出來使用。

❿ 糖霜

將5～6滴水或檸檬汁加入1小匙糖粉裡製作而成。糖霜可用來畫眼睛或鼻子，也能用來黏東西。通常是用湯匙舀起來黏貼，或是裝入小塑膠袋及擠花袋中擠出來使用。還可以用可可粉等色粉或食用色素調色後再使用。

# CHAPTER 2

# 小動物造型的
# 波蘿麵包

大小朋友都喜歡的可愛動物，
即將登場囉！

# 熊熊

BEAR

熊熊的造型波蘿麵包，
讓人捨不得吃下肚，
牠正用圓滾滾的眼睛
在盯著你瞧呢！

**Pineapple Bun 07**

單靠眼睛就能做出各種表情

# 熊熊造型波蘿麵包

## 🍴 材料

**─ 波蘿皮麵團 ─**

請參考p.12的材料。

**─ 波蘿皮麵團與調色 ─**

色粉用量各1小匙,也可依個人喜好增減。

・白色(低筋麵粉)

・咖啡色(可可粉)

## 🍴 作法

① 波蘿皮麵團分成一半,1份維持原色(低筋麵粉),另1份用可可粉調色。

② 麵包麵團分割成6個後滾圓(作法:p.14)。

③ 波蘿皮麵團用小熊壓模壓出形狀後,將不同色的麵團壓平後放在鼻周,黏在噴過水的麵包麵團上,依個人喜好撒上細砂糖。

④ 以預熱至170度的烤箱烘烤17分鐘左右之後,等待放涼,再用糖霜畫出眼睛與鼻子就完成了。

**POINT**

烤好後等麵包放涼,再用糖霜或巧克力筆畫上眼睛及鼻子(裝飾的材料:p.33)。

# 熊貓

PANDA

運用黑白兩色的波蘿皮麵團，
做出熊貓微微下垂的眼角，
營造出可愛動人的表情。
麵包麵團再用抹茶粉調成竹子色。

將麵包麵團換成不同顏色

# 熊貓造型波蘿麵包

## 🍴 材料

－波蘿皮麵團－

請參考p.12的材料。

－波蘿皮麵團與調色－

色粉用量請依個人喜好增減。

· 白色（低筋麵粉：1小匙）

· 黑色（純黑可可粉：1/3小匙）

### POINT

白色波蘿皮麵團用小熊壓模壓出形狀後，須冰在冷藏裡使麵團變硬。然後要在常溫下，用指尖將變軟的黑色波蘿皮麵團揉圓，放在白色麵團的耳朵和眼睛部位上壓一壓，做出熊貓的造型。鼻子等到麵包烤好放涼後，再用糖霜或巧克力筆畫上去（裝飾的材料：p.33）。

## 🍴 作法

❶ 將1/6分量的波蘿皮麵團調成黑色。剩餘的麵團維持原色，加入1/3～1/2匙的低筋麵粉。

❷ 麵包麵團分割成6個後滾圓（作法：p.14）。（※準備高筋麵粉＋2小匙抹茶粉＝一共140g製作麵包麵團）

❸ 將熊貓造型的波蘿皮麵團，黏在噴過水的麵包麵團上，依個人喜好撒上細砂糖。

❹ 以預熱至170度的烤箱烘烤17分鐘左右後放涼，再用糖霜或巧克力筆畫出鼻子就完成了。

一個餅乾壓模也能變化多端

# 貓咪和小豬造型波蘿麵包

## 🍴 材料

**－波蘿皮麵團－**

請參考p.12的材料。

**－波蘿皮麵團與調色－**

色粉用量為各1/3～1/2小匙，也可依個人喜好增減。

· 白色（低筋麵粉）

· 黑色（純黑可可粉）

· 淡粉紅色（莓菓類色粉）

## ✕ 作法

1. 波蘿皮麵團分成3等分，1份維持原色（低筋麵粉），2份進行調色。

2. 麵包麵團分割成6個後滾圓（作法：p.14）。

3. 波蘿皮麵團壓出形狀後，黏在噴過水的麵包麵團上，依個人喜好撒上細砂糖。

4. 以預熱至170度的烤箱烘烤17分鐘左右之後，等待放涼，再用糖霜及巧克力筆分別畫出臉部裝飾就完成了。

### POINT

　　製作小豬時，要將調成粉紅色的波蘿皮麵團取出一小部分，再將顏色加深，壓成薄薄一片放在小豬鼻子的位置上，用竹籤等工具挖出鼻孔後，再黏在麵包麵團上烘烤。

　　一般白貓的臉部、耳朵及鬍鬚等部分會用可可液來畫，黑貓的眼睛會用糖霜來畫。白貓與小豬耳朵上的裝飾，還有黑貓的鈴鐺，則是用糖霜將糖花黏上去（裝飾的材料：p.33）。

# 貓咪與小豬
CAT & PIG

蛋型兔兔

# 兔兔
RABBIT

兩款不同的兔兔造型麵包。
先做3個兔臉的造型波蘿麵包，
剩下的麵團再做成6個蛋型兔子麵包。

Pineapple Bun
10

麵包的形狀其實也可以變化一下
# 兔兔造型
# 波蘿麵包

## ✗ 材料

**－波蘿皮麵團－**

請參考p.12的材料。

**－波蘿皮麵團與調色－**

色粉用量為各1/3～1/2小匙，
也可依個人喜好增減。
· 白色（低筋麵粉）
· 咖啡色（可可粉）
· 粉紅色（蔓越莓粉）

## ✗ 作法

① 波蘿皮麵團分成3等分，1份維持原色
（低筋麵粉），2份進行調色。3種顏色
的波蘿皮麵團完成後，分別取一半用
壓模壓出兔臉，剩下的用來製作蛋型
兔子麵包。

② 麵包麵團先分割成6個。然後將3個麵
團滾圓，剩下的3個再分別分割成一
半，滾成6個蛋型（圓型3個、蛋型6個，
合計共9個）。

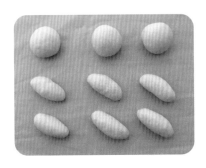

**POINT**

麵包麵團就像照片這樣，用3
個圓形麵團製作兔臉麵包，6
個橢圓形麵團做成蛋型兔子
麵包。

③ 6個蛋型兔子麵包：先從3種顏色的波蘿皮麵團，分別取出一小撮麵團，用來做出耳朵和尾巴的形狀。剩餘的波蘿皮麵團每10g（6個）分別擀平成橢圓形後，覆蓋在噴過水的蛋型麵包麵團上。用刀子等工具劃出線條（格子狀），放上事先取出備用的耳朵和尾巴（※耳朵和尾巴也可以另外烘烤後再放上去）。

④ 3個兔臉麵包：3種顏色的波蘿皮麵團用兔臉壓模壓出形狀，以黑芝麻做出眼睛，用剪開的吸管畫出嘴巴，黏在噴過水的麵包麵團上。不管是兔臉麵包或是蛋型兔子麵包，都可以依個人喜好撒上細砂糖。

⑤ 以預熱至170度的烤箱烘烤17分鐘左右之後，等待放涼，再用糖霜畫出紅色的鼻子及眼睛裝飾一下就完成了（裝飾的材料：p.33）。

兔兔的臉

# 利用花朵壓模和小熊壓模製作
# 獅子造型
# 波蘿麵包

## 🍴 材料

－波蘿皮麵團－

請參考p.12的材料。

－波蘿皮麵團與調色－

色粉用量各1小匙左右，也可依個人喜好增減。以下的色粉搭配，會做出咖啡色的麵團。

・黃色（南瓜粉或南瓜片）
・咖啡色（可可粉）

想做出如右頁中不同顏色的獅子鬃毛，可以將純黑可可粉或紅色食用色素，分別少量加入咖啡色麵團中調製而成。

## 🔪 作法

① 將1/3分量的波蘿皮麵團調成黃色後，用來做成臉部。剩下的麵團調成鬃毛用的咖啡色。

② 麵包麵團分割成6個後滾圓（作法：p.14）。
（※準備高筋麵粉＋1大匙南瓜粉＝一共140g製作麵包麵團）

③ 將做成獅子造型的波蘿皮麵團，黏在噴過水的麵包麵團上，再依個人喜好撒上細砂糖。

④ 以預熱至170度的烤箱烘烤17分鐘左右就完成了。

**POINT**

先將作法 ① 咖啡色波蘿皮麵團用花朵壓模壓出形狀後（鬃毛的組件），正中心壓出圓形的洞再直接放在常溫下。再將作法 ② 黃色波蘿皮麵團用小熊壓模壓出形狀後（臉部的組件），冰在冷凍庫裡使麵團變硬，接著壓入作法 ① 常溫的鬃毛組件中心，將兩者融合在一起。用黑芝麻壓下去當作眼睛，並用剩餘的麵團製作鼻周，再以竹籤戳出一個一個的洞當作鬍鬚。

# 獅子
## LION

搭配使用兩種餅乾壓模，
壓出獅子的臉。
用黑芝麻壓下去當作眼睛，
做出討人喜愛的獅子。

蝸牛

瓢蟲

蜜蜂

# 昆蟲

BUG

從基本的麵包麵團，
做出三款不同造型的麵包。
烤好之後再裝飾，
將表情畫出來並用義大利麵作觸角。

一身條紋圖案的蜜蜂

# 蜜蜂造型波蘿麵包

## 🍴 材料

－波蘿皮麵團－

請參考p.12的材料。

－波蘿皮麵團與調色－

色粉用量為各1/3～1/2小匙，也可依個人喜好增減。

・黑色（純黑可可粉）

・黃色（南瓜粉）

・紅色（紅麴粉與食用色素）

・橘色（辣椒萃取色素）

・白色（低筋麵粉）

## 🍴 作法

① 將分成6等分的波蘿皮麵團分別調色。（黑色×1、黃色×1、紅色×1、橘色×1、白色×2）

② 麵包麵團分割成6個後滾圓（作法：p.14）。（※準備高筋麵粉＋2小匙可可粉＝一共140g製作麵包麵團）

③ 將黃色與黑色的波蘿皮麵團交叉排列，黏在噴過水的麵包麵團上，依個人喜好撒上細砂糖。

④ 以預熱至170度的烤箱烘烤17分鐘左右，放涼之後再做出觸角及臉部（裝飾的材料：p.33）。

POINT 1

將黃色與黑色的波蘿皮麵團擀成橢圓形，並切成1cm寬的長條狀後放入冷凍庫。

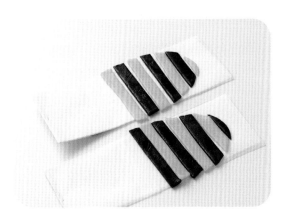

POINT 2

冷凍過後的波蘿皮麵團，以交叉的方式排列。

POINT 3

讓兩種顏色的麵團沿著邊緣重疊1mm左右。蓋上保鮮膜，用擀麵棍擀平，使黃色與黑色的麵團融合成1片薄麵團。

## 不由自主想讓人動手去抓！
# 瓢蟲造型波蘿麵包

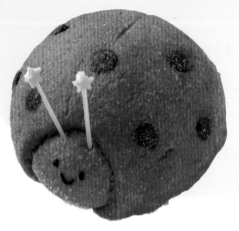

## ✄ 材料

― 波蘿皮麵團 ―
請參考p.12的材料。

― 波蘿皮麵團與調色 ―
參考p.50的波蘿皮麵團調色。

## ✄ 作法

1. 波蘿皮麵團與麵包麵團參考p.50蜜蜂的作法 1 與作法 2 備妥。

2. 將紅色與橘色的波蘿皮麵團，覆蓋在噴過水的麵包麵團上，依個人喜好撒上細砂糖。

3. 以預熱至170度的烤箱烘烤17分鐘左右，放涼之後再裝飾上觸角及臉部（裝飾的材料：p.33）。

**POINT**

黑色波蘿皮麵團是利用p.50的材料，用吸管壓出點點造型，再加以冷凍（7個×2隻＝14個）。

將7個黑色點點壓入放在常溫下擀成圓形的紅色與橘色波蘿皮麵團中，融合在一起。

頭部可利用圓形壓模壓出形狀來。

Pineapple Bun

14

用牛奶盒就能簡單完成

# 蝸牛造型
# 波蘿麵包

## 🍴 材料

－波蘿皮麵團－

請參考p.12的材料。

－波蘿皮麵團與調色－

參考p.50的波蘿皮麵團調色。

## ✕ 作法（2隻）

① 波蘿皮麵團與麵包麵團參考p.50蜜蜂的作法 ① 與作法 ② 備妥。

② 從2個麵包麵團各自分取出5g後揉成細長狀，做成蝸牛的身體。將印上螺旋圖案的白色波蘿皮麵團（見下圖），覆蓋在噴過水的麵包麵團上，再將分取出來塑型完成的身體也組裝上去，依個人喜好撒上細砂糖。

③ 以預熱至170度的烤箱烘烤17分鐘左右，放涼之後再裝飾上觸角及臉部（裝飾的材料：p.33）。

**POINT**

像下方照片一樣，使用竹籤將牛奶盒（紙模：p.131）捲成螺旋狀，撒上麵粉後，在波蘿皮麵團上壓一壓。

# 利用小圓麵包和吐司
# 快速做出造型波蘿麵包

覺得麵包要從麵團開始製作實在很難的人，
現在為大家介紹簡單的作法，
只要將波蘿皮麵團黏在麵包店都有販售的麵包上，烤一烤就行了。

## 用市售麵包，玩出新花樣

奶油或紅豆內餡的
小型圓麵包

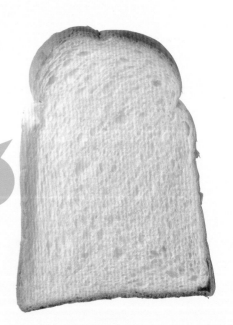

普通的吐司

小圓麵包變身

# 烏龜造型波蘿麵包

## 🍴 材料

— 波蘿皮麵團 —

請參考p.12的材料。

— 波蘿皮麵團與調色 —

・綠色（抹茶粉：1/2小匙左右）
・黃綠色（食用色素）

悠然自得的烏龜完成了！

## ✕ 作法（5隻）

1. 波蘿皮麵團分成2等分，再調成綠色與黃綠色。

2. 綠色的麵團繼續分成5等分，擀成薄薄的圓片後，黃綠色同樣也要再分成5等分，分別從這5等分的麵團，做出5隻烏龜需要用到的頭部、手腳、尾巴等組件。

3. 麵包塗上蛋液，覆蓋上綠色的麵團，依個人喜好撒上細砂糖，用刀子或切麵刀劃出格子圖案。

4. 用蛋液將身體的組件黏上去，以預熱至160度的烤箱烘烤10分鐘左右，或是用烤麵包機烤5～10分鐘。擔心會燒焦時，請蓋上鋁箔紙。最後畫出臉部、加上裝飾後就完成了。（※烤箱及烤麵包機的溫度和時間，依家中機器自行增減）

# 小圓麵包變身！
# 各種可愛動物造型麵包

## ✖ 材料

### －波蘿皮麵團－
請參考p.12的材料。

### －波蘿皮麵團與調色－
喜歡幾種顏色，便請將波蘿皮麵團分成幾種顏色，分別調色後自由創作。

例如，白色（低筋麵粉）、黃色（南瓜粉）、黑色（純黑可可粉）、灰色（極少量純黑可可粉）、咖啡色（可可粉）、橘色（辣椒萃取色素）等等。

## ✖ 作法

1. 將波蘿皮麵團隨個人想要的數量分割，分別調色。

2. 請將完成的波蘿皮麵團組合上去，再自由創作出動物造型麵包。參考瓢蟲的作法（p.52），要嵌入的組件麵團須冰起來，作為基底的麵團應放在常溫下備用，這樣才容易嵌入。

3. 和p.55烏龜的作法一樣，圓麵包塗上蛋液，覆蓋上波蘿皮麵團後，依個人喜好撒上細砂糖。

4. 各種動物的組件要用硬質的波蘿皮麵團製作，另外烘烤後（參閱：p.91），再用糖霜等黏在一起（比方說頭部最好在烘烤波蘿皮的過程中，將義大利麵插進去備用）。

# 波蘿麵包風味的造型吐司

## 🍴 材料

－波蘿皮麵團－
請參考p.12的材料。

－波蘿皮麵團與調色－
善用剩餘的麵團。

## 🍴 作法

① 吐司塗上奶油或乳瑪琳，波蘿皮麵團用壓模壓出形狀後放上去。依個人喜好撒上細砂糖。

② 用烤麵包機烤5～10分鐘後（要小心別燒焦了），波蘿麵包風味的吐司就完成了。請大家利用市售的各種麵包，盡情地變化看看。

擺上內心
想說的話

# CHAPTER 3

# 活力春夏的
# 造型波蘿麵包

春暖花開，夏日陽光，
最應景的造型波蘿麵包登場！

# 櫻花

## CHERRY BLOSSOM

若有似無的櫻花香，附帶鹹味的造型波蘿麵包，
推薦大家還可以包入櫻花餡（內餡：p.91）。
這款麵包肯定會成為春日活動的最佳伴手禮。

### 外觀和香氣都是櫻花盛開的模樣

# 櫻花造型
# 波蘿麵包

## 🍴 材料

－波蘿皮麵團－
請參考p.12的材料。

－波蘿皮麵團與調色－
色粉用量請依個人喜好增減。
・粉紅色（櫻花粉：10g）
・綠色（櫻花葉粉或是抹茶粉：少許）

### POINT

雖然單純貼上櫻花花瓣也很好看，不過將小小的葉片填入隙縫中會更可愛。大家可以依個人喜好，試著做出不同的樣式。

## 🍴 作法

1 想做葉片的話，可從整個波蘿皮麵團中取1/6的分量調成綠色，剩餘的波蘿皮麵團用櫻花粉調成粉紅色。

2 波蘿麵包麵團分割成6個後，把它們滾圓（作法：p.14）。

3 波蘿皮麵團用櫻花及葉片壓模壓出形狀後，黏在噴過水的麵包麵團上，然後依個人喜好撒上細砂糖。

4 以預熱至170度的烤箱烘烤17分鐘左右就完成了。

# 繡球花

HYDRANGEA

在多雨的梅雨季，
想不想讓家裡開滿繡球花呢？
繡球花的造型波蘿麵包，
肯定能讓心情開朗起來。

只要利用格子圖案就能製作

# 繡球花造型波蘿麵包

## 🍴 材料

－波蘿皮麵團－

請參考p.12的材料。

－波蘿皮麵團與調色－

色粉用量為各1/3～1/2小匙，也可依個人喜好增減。

· 粉紅色（蔓越莓粉）

· 紅色（甜菜粉）

· 藍色（藍藻萃取色素）

## 🍴 作法

1 波蘿皮麵團分成3等分，分別進行調色。接著再各自分成一半，一共要製作6個繡球花。

2 波蘿麵包麵團分割成6個後，把它們滾圓（作法：p.14）。

3 波蘿皮麵團完成繡球花的圖案後，像下方Point2～3的照片，覆蓋在噴過水的麵包麵團上，依個人喜好撒上細砂糖。

5 以預熱至170度的烤箱烘烤17分鐘左右之後，等待放涼，再用糖霜在花朵中央畫出點點圖案就完成了（裝飾的材料：p.33）。

### POINT 1

波蘿皮麵團擀平成圓形後，用比薩刀或刀子等，劃出1cm寬的格子圖案，並用竹籤劃出花瓣的造型。

### POINT 2

波蘿皮麵團蓋上保鮮膜後翻成底面，之後將噴過水的麵包麵團，覆蓋在波蘿皮麵團上。

### POINT 3

用波蘿皮麵團蓋住波蘿麵包麵團。

# 女兒節

## THE GIRL'S FESTIVAL

蛋型的女兒節造型波蘿麵包，
大家不妨發揮創意，做出獨特風格。

Pineapple Bun
17

**這將成為女兒的難忘回憶**

# 女兒節蛋型波蘿麵包

## 🍴 材料

－波蘿皮麵團－

請參考p.12的材料。p.12的分量可以做出10個女兒節蛋型波蘿麵包。

－波蘿皮麵團與調色－

·白色（低筋麵粉※用於臉部）：
　10g（10個蛋造型波蘿麵包的用量）
·黑色（純黑可可粉※用於頭髮）：
　10g（10個蛋造型波蘿麵包的用量）
·紫色（紫芋粉）：
　12g（1個蛋造型波蘿麵包的用量）
·紅色（紅麴粉）：
　12g（1個蛋造型波蘿麵包的用量）
·粉紅色（櫻花粉）：
　12g（1個蛋造型波蘿麵包的用量）

## 🍴 作法

① 波蘿皮麵團參考左側的分量分成5個，分別調色。

② 麵包麵團（作法：p.14）分割成10份後，使用其中的5個，分別滾成蛋型。

③ 將波蘿皮麵團黏在噴過水的麵包麵團上，依個人喜好撒上細砂糖。臉部也可以另外烘烤之後，再用糖霜將臉部黏上去。

④ 以預熱至170度的烤箱烘烤17分鐘左右，放涼之後再用硬質波蘿皮麵團另外將扇子等工具烤好後，以糖霜黏上去（參閱：p.91）。

| POINT 1 | |
|---|---|
| 頭髮是將黑色的波蘿皮麵團用圓型壓模壓製而成。再放上黑芝麻當作眼睛。 |  |

| POINT 2 | |
|---|---|
| 波蘿皮麵團須分成3個，再調成和服的顏色，紫色×1、紅色×1、粉紅色×3。 |  |

擠出波蘿皮麵團來製作

# 復活節造型
# 波蘿麵包

# 復活節

EASTER

軟質波蘿皮麵團用擠的，
就能像畫圖一樣，
畫出復活節風格的麵包了。
兔子和小雞還會露出可愛的臉龐喔！

## ✗ 材料

**－波蘿皮麵團－**

請參考p.12的材料。p.12的材料分量可以
做出10個麵包。

**－波蘿皮麵團與調色－**

喜歡幾種顏色，便請將波蘿皮麵團分成
幾種顏色，分別調色後自由創作。其中
一部分的波蘿皮麵團請調製成軟質麵
團，再將它們擠出來創作圖案。

## ✗ 作法

1. 將波蘿皮麵團調成喜歡的顏色。這
   時候須事先從基本麵團中取出10g備
   用，調製成擠花用的波蘿皮麵團（裝
   飾的材料：p.33）。

2. 麵包麵團（作法：p.14）分割成10
   份，並分別滾成蛋型。

3. 將波蘿皮麵團黏在噴過水的麵包麵團
   上，依個人喜好撒上細砂糖。會從雞
   蛋中露出臉來的麵包，須分別壓出兔
   子、小雞的造型再黏在麵包麵團上，
   然後蓋上當作外殼的半圓形麵團。想
   要切割出類似蛋殼感覺的鋸齒狀，可
   將牛奶盒剪開後折起來使用，這樣才
   方便操作。

4. 以預熱至170度的烤箱烘烤17分鐘左
   右之後，以擠花用的波蘿皮麵團作裝
   飾。另外再以140～150度的烤箱烤2分
   鐘就完成了，也可以用烤麵包機來烤。

# 鯉魚旗與頭盔

CHILDREN'S DAY

祝福小朋友健康成長的日本端午節，
用造型波蘿麵包做成鯉魚旗與頭盔，
就算不忍心吃下肚只想當裝飾，
還是想邀請大家和小朋友一同享用。

## 鯉魚旗造型波蘿麵包

用愛心壓模做出鯉魚鱗片

Pineapple Bun 19

### 🍴 材料

**－波蘿皮麵團－**

請參考p.12的材料。

**－波蘿皮麵團與調色－**

色粉的用量一般為1/3~1/2小匙，可依個人喜好增減。

・白色（低筋麵粉）
・藍色（藍藻萃取色素）
・粉紅色（蔓越莓粉）
・綠色（抹茶粉）
・黃色（南瓜粉或南瓜片）
・黑色（純黑可可粉）

### 🍴 作法

① 波蘿皮麵團分成6等分，1份維持原色（低筋麵粉），5份需要調色。

② 麵包麵團分成6個（作法：p.14），3個做成鯉魚，剩下的3個分別做成幡帶、竹竿和p.72的頭盔。鯉魚和幡帶滾成橢圓形，竹竿繼續分成4個麵團，做成三股編的竹竿與頂端的裝飾。

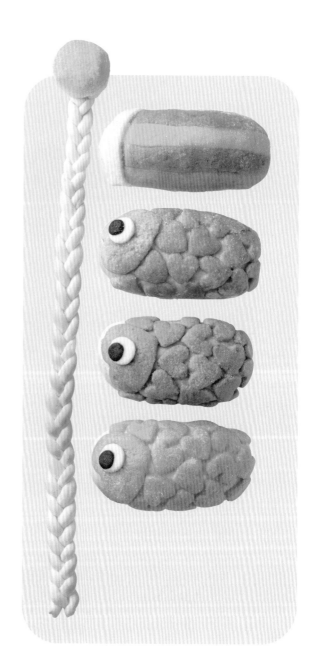

❸ 波蘿皮麵團用愛心壓模壓出鱗片造型，再將4色組合起來做成幡帶。然後用黃色做出竹竿頂端的裝飾，另外用白色與黑色做出眼睛，分別將波蘿皮麵團黏在噴過水的麵包麵團上，依個人喜好撒上細砂糖。

❹ 以預熱至170度的烤箱，烘烤17分鐘左右就完成了。

用綠色、粉紅色、藍色的波蘿皮麵團，做出1個大一點的愛心造型當作臉部，再做出許多小一點的愛心造型當作魚鱗。

分割成6份的麵包麵團，4個滾成橢圓形，1個滾成圓形，1個再繼續分成4個，分別用來製作竹竿的三股編和頂端。

（滾成長條狀後也做成三股編）

製作牛奶盒的模型（紙模：p.131）再放入烤箱烘烤之後，就完成長方形造型的鯉魚了。由於三股編的竹竿很長，因此須用另一個烤盤來烘烤。

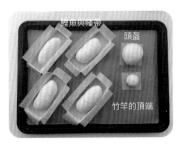

活用波蘿皮麵團

# 三日月造型頭盔波蘿麵包

## 🍴 材料

－ 波蘿皮麵團 －

請參考p.12的材料。

－ 波蘿皮麵團與調色 －

參考p.70鯉魚旗的麵團調色。

## 🍴 作法

① 波蘿皮麵團使用了p.70的黑色麵團。

② 麵包麵團也是利用p.70鯉魚旗的麵團，將分割成6個的其中一個滾圓。

③ 將黑色的波蘿皮麵團擀成薄薄的圓片狀，覆蓋在噴過水的麵包麵團上，依個人喜好撒上細砂糖。

④ 以預熱至170度的烤箱烘烤17分鐘左右之後，等待放涼，再組裝上另外烤好的波蘿皮裝飾就完成了。

## POINT 1

頭盔的裝飾，是將調成黃色的硬質波蘿皮麵團（參閱p.87），擀成4～5mm厚（最好在兩側放置衛生筷以方便操作），搭配紙模（p.132）做出造型，用烤箱烘烤而成。將B當作A的底座，麵團滾圓後插入牙籤再烘烤，才能使A的突角能夠插進麵包裡作裝飾。C為了做出弧度，須將麵團放在揉圓的鋁箔紙上烘烤，最後再用糖霜畫上線條。

## POINT 2

用糖霜將B黏在A的突角背面，乾燥備用。黑色波蘿皮麵團覆蓋在麵包上烤好之後，再將突角插進麵包裡。

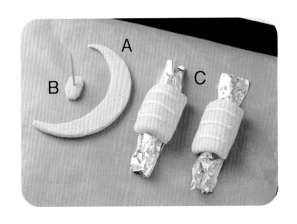

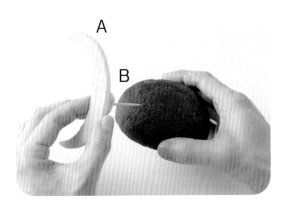

# 雨傘

UMBRELLA

繽紛多彩的圓弧造型，
連同把手一起做出來，
在小型派對上一定大受歡迎！

# Pineapple Bun 21

## 運用紙模就能簡單完成
# 雨傘造型波蘿麵包

## ✕ 材料

**－波蘿皮麵團－**
請參考p.12的材料。

**－波蘿皮麵團與調色－**
色粉用量為各1/3～1/2小匙，也可依個人喜好增減。
・白色（低筋麵粉）
・咖啡色（可可粉）
・粉紅色（蔓越莓粉）

## ✕ 作法

① 波蘿皮麵團分成3等分，1份維持原色（低筋麵粉），2份進行調色。

② 波蘿麵包麵團分割成6個後滾圓（作法：p.14）。

③ 將6片用波蘿皮麵團做好的三角形組件，黏在噴過水的麵包麵團上，依個人喜好撒上細砂糖。

④ 以預熱至170度的烤箱烘烤17分鐘左右後放涼，裝飾後就完成了。雨傘的支架，是將彩色膠帶捲在竹籤上；把手和頂部則是用棉花糖糖霜製作而成，再綁上緞帶（裝飾的材料：p.33）。等麵包放涼後，再將雨傘的支架穿過去。

### POINT 1

波蘿皮麵團擀薄後，對照三角形的紙模（p.135），

用比薩刀或刀子割開，冰在冷凍庫裡15分鐘。下方部分用圓形壓模壓出弧形，看起來才會更像雨傘。

### POINT 2

1支雨傘要黏上6片三角形的組件再烘烤。

Pineapple
Bun
22

## 用雨傘的紙模發揮其他創意
# 帽子造型
# 波蘿麵包

## 🍴 材料

**－波蘿皮麵團－**
請參考p.12的材料。

**－波蘿皮麵團與調色－**
色粉用量為各1/3～1/2小匙，也可依個人喜好增減。希望色彩更鮮豔時，可將少量食用色素加進麵團中。
・白色（低筋麵粉）
・橘色（辣椒萃取色素）
・綠色（抹茶粉）

## 🍴 作法

1. 波蘿皮麵團分成3等分，1份維持原色（低筋麵粉），2份進行調色。

2. 波蘿麵包麵團分割成6個後滾圓（作法：p.14）。

3. 將6片用波蘿皮麵團做好的三角形組件，黏在噴過水的麵包麵團上，依個人喜好撒上細砂糖。

4. 以預熱至170度的烤箱烘烤17分鐘左右（參考時間）之後，等待放涼，再用糖霜將帽子頂端的鈕扣和帽簷（紙模：p.133）黏上去（裝飾的材料：p.33）。帽子頂端的鈕扣和帽簷，是用硬質波蘿皮麵團另外烘烤而成（參閱：p.91）。

**POINT 1**

波蘿皮麵團擀薄後，對照三角形的紙模（p.135），用比薩刀或刀子割開，冰在冷凍庫裡15分鐘。

**POINT 2**

1個帽子黏上6片三角形的組件後，再進行烘烤。

# 帽子

CAP

搭配流行色彩的帽子，
頂端鈕扣和帽簷的部分都是用波蘿皮麵團做成的。
到底該從哪一頭開始吃，
開心到無從下手也是樂趣之一。

Pineapple Bun
23

如夏季豔陽般元氣十足

# 向日葵造型波蘿麵包

## 🍴 材料

**－波蘿皮麵團－**

請參考p.12的材料。

**－波蘿皮麵團與調色－**

色粉用量為各1/3～1/2小匙，也可依個人喜好增減。

・黃色（南瓜粉或南瓜片）
・咖啡色（可可粉）
・綠色（抹茶粉）

## ✖ 作法

1. 將1/6的波蘿皮麵團調成咖啡色，1/8調成綠色，此了這些以外都調成黃色。
2. 波蘿麵包麵團分割成6個後滾圓（作法：p.14）。
3. 用波蘿皮麵團做好向日葵的花朵和葉片後，黏在噴過水的麵包麵團上，依個喜好撒上細砂糖。
4. 以預熱至170度的烤箱烘烤17分鐘左右就完成了。

### POINT 1

把牛奶盒切成小塊，再搭配花形、小圓等餅乾壓模，就能做出向日葵了。

### POINT 2

將圓形的咖啡色麵團放在黃色花形麵團的中央位置並輕壓，再用牛奶盒等工具分別劃出2條直線及橫線。

### POINT 3

再於向日葵花朵之間加上用餅乾壓模壓出來的葉片，逐一黏在麵包麵團上。

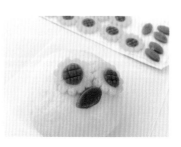

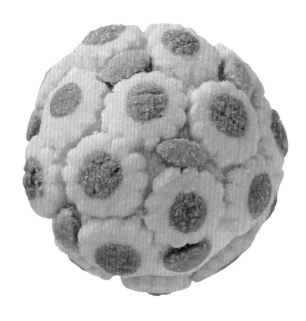

# 向日葵

## SUNFLOWER

耀眼的向日葵群起綻放的，
試著用麵包，
將充滿夏季的舒暢氛圍施展出來吧！

# 牽牛花

MORNING GLORY

如果是用造型麵包做成的牽牛花，
哪怕是早上愛賴床的人，
也能隨時觀賞得到。

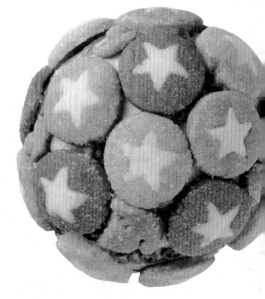

# 運用多種顏色渲染
# 牽牛花造型
# 波蘿麵包

Pineapple Bun 24

## 🍴 材料

**－波蘿皮麵團－**

請參考p.12的材料。

**－波蘿皮麵團與調色－**

色粉用量為各1/3～1/2小匙，也可依個人喜好增減。希望色彩更鮮豔時，可將少量食用色素加進麵團中。

· 白色（低筋麵粉）
· 藍色（藍藻萃取色素）
· 橘色（辣椒萃取色素）
· 粉紅色（櫻花粉）
· 紅色（紅麴粉）
· 綠色（抹茶粉）

## 🍴 作法

1. 波蘿皮麵團分成6等分，分別調色。
2. 波蘿麵包麵團分割成6個後滾圓（作法：p.14）。
3. 用波蘿皮麵團做好牽牛花的花朵和葉片後，黏在噴過水的麵包麵團上，依個人喜好撒上細砂糖。
4. 以預熱至170度的烤箱烘烤17分鐘左右之後，等待放涼，再用糖霜畫出藤蔓作裝飾就完成了（裝飾的材料：p.33）。

### POINT 1

將圓形及星星等壓模組合起來，就可以做出牽牛花的造型。水滴型的麵團切個幾刀，還能做出牽牛花的葉片。

### POINT 2

花朵中心部分的星星麵團須冷凍起來備用，再嵌入常溫的圓形麵團裡，較易融為一體。

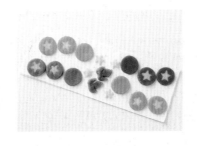

# 大海

SEA

收集與大海相關的餅乾壓模，
自由創作看看吧！
也十分推薦大家，
用益智玩具裡附的可愛造型壓模來做。

夏日沙灘一角

# 螃蟹和海星 造型波蘿麵包

## 🍴 材料

－波蘿皮麵團－

請參考p.12的材料。

－波蘿皮麵團與調色－

喜歡幾種顏色，便請將波蘿皮麵團分成幾種顏色，分別調色後自由創作。另外，波蘿皮麵團的藍色，是使用了藍藻及食用色素來調色。

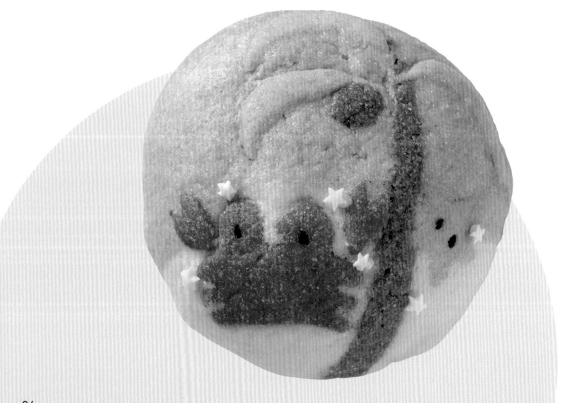

## ✖ 作法

1. 波蘿皮麵團隨個人想要的數量分割，調出喜歡的顏色。

2. 麵包麵團分割成6個後滾圓（作法：p.14）。

3. 參考右邊的照片，將完成圖畫的波蘿皮麵團備妥後，蓋上保鮮膜再翻面，使圖畫位於麵包的表面，然後覆蓋在噴過水的麵包麵團上，依個人喜好撒上細砂糖。

4. 以預熱至170度的烤箱烘烤17分鐘左右之後，等待放涼，再用星星的糖花作裝飾（裝飾的材料：p.33）。

**POINT**

利用螃蟹壓模、星星（海星）壓模、椰子樹紙模（p.135）等，將喜歡的波蘿皮麵團組件做好後冷凍起來，嵌入作為底座的波蘿皮麵團中再蓋上保鮮膜，用擀麵棍使麵團融為一體。底座的麵團須放在常溫下備用，這樣才容易將組件嵌進去（照片中的底座，是用藍白兩色製作而成）。

像身處在熱鬧的海底

# 魚兒造型
# 波蘿麵包

## 🍴 材料

**－波蘿皮麵團－**

請參考p.12的材料。

**－波蘿皮麵團與調色－**

喜歡幾種顏色，便請將波蘿皮麵團分成幾種顏色，分別調色後自由創作。另外，波蘿皮麵團的藍色和水藍色，是使用了藍藻及食用色素來調色。

## 🍴 作法

**❶ ～ ❸** 的作法與p.85相同。

**❹** 以預熱至170度的烤箱烘烤17分鐘左右之後，等待放涼，再用彩色糖珠作裝飾（裝飾的材料：p.33）。

---

**POINT**

壓出小魚及星星（海星）的造型後冷凍起來，嵌入作為底座的波蘿皮麵團後蓋上保鮮膜，用擀麵棍使麵團融為一體。底座的麵團須放在常溫下備用，這樣才容易將組件嵌進去。

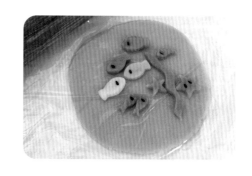

海洋中受歡迎的動物作主角

# 海豚與海龜的造型波蘿麵包

## ✕ 材料

－波蘿皮麵團－

請參考p.12的材料。

－波蘿皮麵團與調色－

喜歡幾種顏色，便請將波蘿皮麵團分成
幾種顏色，分別調色後自由創作。另
外，波蘿皮麵團的藍色和水藍色，是使
用了藍藻及食用色素來調色。

## ✕ 作法

❶ ～ ❷ 的作法與p.85相同。

❸ 將海豚與海龜的波蘿皮麵團，黏在噴
過水的麵包麵團上，依個人喜好撒上
細砂糖。

❹ 以預熱至170度的烤箱烘烤17分鐘左
右之後，等待放涼，再用星星的糖花
作裝飾（裝飾的材料：p.33）。

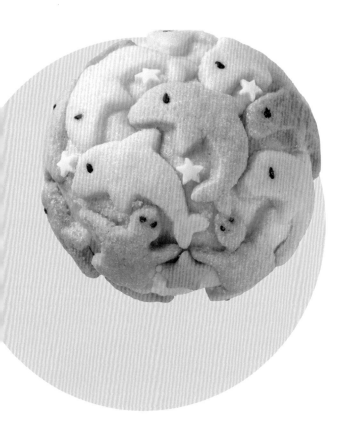

**POINT**

排放在底紙（參閱p.11）上冰起來備用
的波蘿皮麵團，要平均且牢牢地黏在麵
包麵團上。海豚和海色的眼睛，則是使
用了黑芝麻。

# 西瓜

## WATERMELON

沁人心脾的西瓜造型波蘿麵包，
一種是切片西瓜，另一種是整顆西瓜，
兩種麵包都能感覺到西瓜的鮮甜。

整顆西瓜

切片西瓜

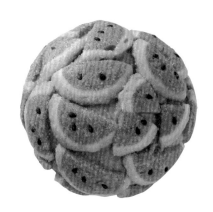

Pineapple
Bun
28

西瓜籽用黑芝麻來表現

# 切片西瓜造型
# 波蘿麵包

## 🍴 材料

### －波蘿皮麵團－

請參考p.12的材料。 兩種款式的西瓜麵包分別做出3個。

### －波蘿皮麵團與調色－

色粉用量為各1/3～1/2小匙，也可依個人喜好增減。

- 白色（低筋麵粉）
- 黑色（純黑可可粉）
- 綠色（抹茶粉）
- 紅色（甜菜粉）

## 🍴 作法

1. 將波蘿皮麵團分成80g、40g、20g，剩餘的會比10g多一點，再分別像右側Point1的照片這樣調色。

2. 麵包麵團分割成6個後滾圓（作法：p.14）。（※準備高筋麵粉＋1/3小匙甜菜粉＝140g製作麵包麵團）

3. 將做成西瓜造型的波蘿皮麵團，黏在噴過水的麵包麵團上，依個人喜好撒上細砂糖。

4. 以預熱至170度的烤箱烘烤17分鐘左右就完成了。

---

**POINT 1**

波蘿皮麵團像照片這樣分割。切片西瓜使用了40g的紅色、10g多的白色、1個20g的綠色，整顆西瓜使用了20g的黑色、3個20g的綠色。

**POINT 2**

揉成棒狀的紅色（40g）波蘿皮麵團，用擀平的白色（10g多一點）與綠色（20g）麵團包起來，當作西瓜外皮，冰在冷藏或冷凍庫裡，使麵團確實變硬。

**POINT 3**

切成薄薄的圓片後，再繼續切成一半及1/4，然後加上黑芝麻作為西瓜籽，排放在底紙上冰在冷藏庫裡。

麵包裡面也是西瓜果肉的顏色

# 整顆西瓜造型波蘿麵包

## ✖ 材料

### ― 波蘿皮麵團 ―

請參考p.12的材料。兩種的西瓜麵包分別做出3個。

### ― 波蘿皮麵團與調色 ―

色粉用量為各1/3～1/2小匙，也可依個人喜好增減。

· 黑色（純黑可可粉）

· 綠色（抹茶粉）

## ✖ 作法

1. 將P.89切片西瓜剩下的波蘿皮麵團，取20g的黑色、3個20g的綠色製作西瓜皮。波蘿麵包麵團使用了3個。

2. 將西瓜皮的波蘿皮麵團，覆蓋在噴過水的麵包麵團上，依個人喜好撒上細砂糖。

3. 以預熱至170度的烤箱烘烤17分鐘左右就完成了。內餡的部分，想加入巧克力丁表現出西瓜籽的感覺時，請參閱P.92。

**POINT 1**

將黑色波蘿皮麵團揉成西瓜條紋圖案的細條狀，冷凍起來。綠色的麵團擀平後放在常  溫下備用，再將黑色麵團嵌入融為一體。

**POINT 2**

覆蓋在麵包麵團上，但要使波蘿皮麵團的黑色條紋圖案能在表面看被見。

# 製作小配件，盡情點綴

把波蘿皮麵團做得硬一點，
就能當作裝飾用的組件或是用來點綴。
目前介紹的基本波蘿皮麵團都偏軟，
因此須加入低筋麵粉和砂糖才能做出硬一點的麵團。

各種動物（p.56）

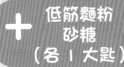

＋
低筋麵粉
砂糖
（各1大匙）

帽子頂端的鈕扣及帽簷
（p.76）

許多的動物和小朋友
（p.120）

頭盔的裝飾
（p.72）

依個人喜好調色！

吸血鬼的帽子及斗蓬
（p.98）

蜘蛛穴的蜘蛛
（p.102）

烘烤時間

## 170度10分鐘左右

小一點的麵團烘烤時間要縮短

聖誕樹的裝飾品
（p.114）

　　也十分推薦大家，可以試著將紅豆餡或果醬等材料包進麵包裡享用。尤其是櫻花造型波蘿麵包（p.61），裡頭包進櫻花餡會非常對味。另外還可以將顆粒果醬包進麵包裡，也是令人百吃不厭。巧克力丁加進西瓜造型波蘿麵包（p.90）的話，就能呈現出西瓜籽的效果。不過每一款麵包的內餡，都要趁著基本發酵和中間發酵的時候包進去。（參考用量：1個麵包麵團，可包進30g紅豆餡、1小匙的顆粒果醬或巧克力丁）

# CHAPTER 4

# 熱鬧秋冬的
# 造型波蘿麵包

楓葉轉紅，冬雪飄飄，
最應景的造型波蘿麵包出場！

# 楓葉與銀杏

MAPLE & GINKGO

秋意漸濃的季節，樹木也會換上不同色彩。
就用美麗的紅葉為主題，
製作出兩款造型波蘿麵包。

Pineapple Bun 30

六種顏色交織而成的秋色

# 楓葉與銀杏造型波蘿麵包

## 🥄 材料

－波蘿皮麵團－

請參考p.12的材料。

－波蘿皮麵團與調色－

色粉用量為各1/3～1/2小匙，
也可依個人喜好增減。

<楓葉>

・黃色（南瓜粉或南瓜片）
・橘色（辣椒萃取色素）
・紅色（紅麴粉）

<銀杏>

・黃色（南瓜粉或南瓜片）
・黃綠色（少量抹茶粉）
・綠色（抹茶粉）

希望色彩更鮮豔時，可將少量
食用色素加進麵團中。

## 🍴 作法

1 波蘿皮麵團分成6等分，分別調色。

2 麵包麵團分割成6個後滾圓（作法：p.14）。

3 波蘿皮麵團用楓葉和銀杏壓模壓出形狀後，黏在
噴過水的麵包麵團上，依個人喜好撒上細砂糖。

4 以預熱至170度的烤箱烘烤17分鐘左右就完成了。

### POINT 1

波蘿皮麵團用楓葉
壓模壓出形狀後，
冰在冷藏（冷凍）
庫裡。

### POINT 2

沒有銀杏壓模的
話，也可將圓形壓
模組合一下就能製
作出來。葉片的裂
縫，則是利用牛奶盒等折一折壓出形狀。

# 萬聖節

## HALLOWEEN

想要享受難得的節日氣氛，
就拿造型波蘿麵包端上餐桌，
好好熱鬧一番！

萬聖節怪物大集合

# 南瓜頭、科學怪人、吸血鬼造型波蘿麵包

## 🍴 材料

### －波蘿皮麵團－

請參考p.12的材料。用p.12的材料分量可以做出2個南瓜頭、2個科學怪人、2個吸血鬼。

### －波蘿皮麵團與調色－

色粉用量為各1/3～1/2小匙，也可依個人喜好增減。

· 橘色（辣椒萃取色素）
· 紫色（紫芋粉）
· 綠色（抹茶粉）
· 黑色（純黑可可粉）

## 🍴 作法

① 波蘿皮麵團分成4等分，分別調色。橘色、紫色、綠色的麵團再分別分成一半。

② 麵包麵團分割成6個後，2個南瓜頭麵團滾圓，科學怪人與吸血塊共4個麵團整型成偏蛋型的形狀（作法：p.14）。（※準備高筋麵粉＋2小匙純黑可可粉＝一共140g製作麵包麵團）

③ 用黑色的波蘿皮麵團做出南瓜頭的眼睛、鼻子、嘴巴，以及科學怪人和吸血鬼的頭髮，冷凍變硬後，再壓入放在常溫下擀平的南瓜頭（橘色）、科學怪人的的臉部（綠色）、吸血鬼的臉部（紫色）裡融為一體。

④ 分別將波蘿皮麵團，覆蓋在噴過水的麵包麵團上，依個人喜好撒上細砂糖。南瓜頭要用刀子等工具，縱向劃出3～4條直線，這樣才會更像南瓜。

⑤ 以預熱至170度的烤箱烘烤17分鐘左右之後，等待放涼，再用糖霜或巧克力筆畫出科學怪人及吸血鬼的臉部表情（裝飾的材料：p.33）。

POINT

用黑色的波蘿皮麵團製作眼睛、鼻子、嘴巴，冷凍之後，再壓入橘色的麵團裡融為一體。嘴巴使用了蝙蝠壓模製作而成。

南瓜頭

科學怪人

## POINT 1

用黑色的麵團做出科學怪人的頭髮，冷凍變硬後，再壓入綠色的麵團裡融為一體。

## POINT 2

科學怪人及吸血鬼的臉部表情，是等烤好放涼後，再用糖霜及巧克力筆畫出來。

吸血塊的帽子、斗蓬（紙模：p.133）及耳
朵須另外烘烤（參閱：p.91）。耳朵要做
成尖尖的。帽子及斗蓬的紅色緞帶是用糖
霜描繪而成。帽子及耳朵的背面，須用糖
霜黏上竹籤或牙籤，等乾燥後才容易插進
麵包裡（※吃的時候要小心）。

吸血鬼

波蘿皮麵團白色就夠用

# 木乃依、幽靈、蜘蛛穴造型波蘿麵包

## 🍴 材料

**－波蘿皮麵團－**

請參考p.12的材料。用p.12的材料分可以做出2個木乃依、2個幽靈、2個蜘蛛穴，合計共6個。

**－波蘿皮麵團與調色－**

波蘿皮麵團全部無須調色即可使用。

## 🍴 作法

1. 波蘿皮麵團分成6等分，全部無須調色直接使用。麵包麵團分割成6個後滾圓（作法：p.14）。（※準備高筋麵粉＋2小匙可可粉＝一共140g製作麵包麵團）

2. 木乃伊要壓出圓形的眼睛，剩餘的麵團擀平成圓形再分成一半。幽靈要壓出歪七扭八的圓形作為眼睛與嘴巴。蜘蛛穴要擀平成圓形。

3. 分別將波蘿皮麵團，覆蓋在噴過水的麵包麵團上，依個人喜好撒上細砂糖，木乃伊與蜘蛛穴須劃出線條（參閱Point3～4）。

4. 以預熱至170度的烤箱烘烤17分鐘左右之後，等待放涼，木乃伊的眼睛用糖霜畫上去。蜘蛛用硬質的波蘿皮麵團製作出來（參閱：p.91）。

木乃伊

幽靈

蜘蛛穴

## POINT 1

木乃伊的波蘿皮麵團，要用相當於珍珠奶茶吸管大小的圓形壓出眼睛，剩下的麵團擀平成圓形後，上下切成一半再冰起來備用。

## POINT 2

將木乃伊的眼睛放在噴過水的麵包麵團上，接著再把上下的波蘿皮麵團覆蓋上去。

## POINT 3

撒上細砂糖後，再用比薩刀或刀子劃出木乃伊的繃帶線條。

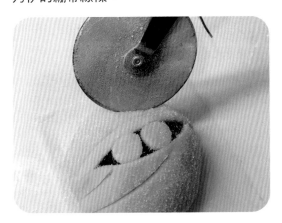

## POINT 4

蜘蛛穴的圖案，要用刀子、比薩刀或牛奶盒等工具劃出線條。

還能挑戰做出獨一無二的作品！

# 自由發揮創意 用壓模做出各式造型！

## 🍴 材料

－波蘿皮麵團－

請參考p.12的材料。

－波蘿皮麵團與調色－

喜歡幾種顏色，便請將波蘿皮麵團分成幾種顏色，分別調色後自由創作。

## 🍴 作法

1. 將波蘿皮麵團，隨個人想要的數量分割後調色。

2. 麵包麵團分割成6個後滾圓（作法：p.14）。（※準備高筋麵粉＋2小匙純黑可可粉＝一共140g製作麵包麵團）

3. 自由發揮創意，將波蘿皮麵團壓出造型，或是壓入麵團中。用文字做出「HALLOWEEN」等字樣也會十分有趣。

4. 分別將波蘿皮麵團，黏在噴過水的波蘿麵包麵團上，然後依個人喜好撒上細砂糖。

5. 以預熱至170度的烤箱烘烤17分鐘左右，放涼之後再用糖霜或巧克力筆等畫出眼睛及嘴巴作裝飾（裝飾的材料：p.33）。

將組件黏上去的作法

**POINT**

等烤好放涼後，再用糖霜或巧克力筆自由描繪裝點一番。

將組件壓進去的作法

# 運動
SPORTS

運動前，先將肚子填飽再說。
不如做出各類球具的造型波蘿麵包吧。

以可可粉的顏色為基底製作出來

# 英式橄欖球、籃球、美式足球造型波蘿麵包

## ✗ 材料

**－波蘿皮麵團－**

請參考p.12的材料。p.12的材料分量可以做出2個籃球、2個英式橄欖球、2個美式足球。

**－波蘿皮麵團與調色－**

色粉用量為各1/3～1/2小匙，也可依個人喜好增減。

· 籃球（可可粉加上紅色食用色素）

· 英式橄欖球紫色（純黑可可粉）

· 美式足球綠色（可可粉）

## ✗ 作法

1. 波蘿皮麵團分成3等分，分別調色。

2. 麵包麵團分割成6個（作法：p.14），籃球滾成圓型，其他的麵團滾成蛋型。（※準備高筋麵粉＋2小匙純黑可可粉＝一共140g製作麵包麵團）

3. 分別將波蘿皮麵團覆蓋在噴過水的麵包麵團上，依個人喜好撒上細砂糖後，再用牛奶盒等劃出球的線條。

4. 以預熱至170度的烤箱烘烤17分鐘左右。英式橄欖球與美式足球的縫線處，須黏上薄薄的硬質波蘿皮麵團（參閱：p.91），接著繼續烤2分鐘，待放涼後，用糖霜或巧克力筆描繪就行了（裝飾的材料：p.33）。

**劃出線條就能變成各種球類**

# 排球、網球、棒球
# 造型波蘿麵包

## ✗ 材料

**— 波蘿皮麵團 —**

請參考p.12的材料。p.12的材料分量可以做出2個排球、4個網球、4個棒球，合計共10個。

**— 波蘿皮麵團與調色 —**

色粉用量為各1/3～1/2小匙，也可依個人喜好增減。

· 白色（低筋麵粉）
· 黃色（南瓜粉加上黃色食用色素）

## ✗ 作法

1. 波蘿皮麵團分成3等分，2個無須調色，剩下的1個調成黃色。

2. 麵包麵團分割成6個（作法：p.14），2個做成排球，剩餘的4個繼續分割成一半，再滾圓成4個網球、4個棒球。

3. 分別將波蘿皮麵團覆蓋在噴過水的麵包麵團上，依個人喜好撒上細砂糖後，再用牛奶盒等劃出球的線條。

4. 以預熱至170度的烤箱烘烤17分鐘左右放涼，接著網球用糖霜（白色）沿著劃線描繪，棒球用糖霜（紅色）照著畫出縫線（裝飾的材料：p.33）。

**POINT 1**

排球的線條可以利用牛奶盒逐一劃出弧線。

**POINT 2**

棒球的縫線須用牛奶盒的折角一個個劃出來。

# 聖誕節

CHRISTMAS

令人期待的聖誕節來了。
快點來動手做聖誕節造型波蘿麵包，
有聖誕老公公、雪人陪你過聖誕。

## Pineapple Bun 36

運用餅乾壓模自由創作

# 聖誕風格的造型波蘿麵包

## 🍴 材料

－波蘿皮麵團－

請參考p.12的材料。

－波蘿皮麵團與調色－

喜歡幾種顏色，便請將波蘿皮麵團分成幾種顏色，分別調色後自由創作。

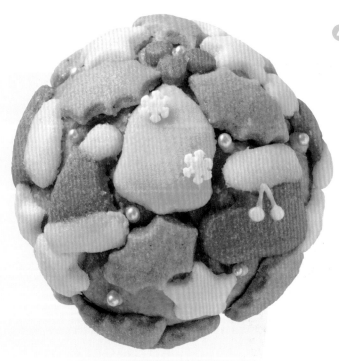

## 🍴 作法

① 將波蘿皮麵團調成喜歡的顏色。

② 麵包麵團分割成6個後滾圓（作法：p.14）。（※準備高筋麵粉＋2小匙抹茶粉＝一共140g製作麵包麵團）

③ 符合聖誕色彩的波蘿皮麵團備妥後，黏在噴過水的麵包麵團上，依個人喜好撒上細砂糖。

④ 以預熱至170度的烤箱烘烤17分鐘左右之後，等待放涼，再用糖霜或巧克力筆將糖花等材料黏上去（裝飾的材料：p.33）。

## POINT 1

波蘿皮麵團壓出造型後，可將芝麻壓進聖誕老公公等麵團裡當作眼睛，再冰在冷藏（冷凍）庫裡備用。

## POINT 2

市售的聖誕造型壓模選擇無窮，例如有聖誕老公公還有馴鹿等等，大家不妨多方嘗試動手做做看。

連真的聖誕樹也相形見絀

# 聖誕樹
# 造型波蘿麵包

## 🍴 材料

**－波蘿皮麵團－**

請參考p.12的材料。

**－波蘿皮麵團與調色－**

利用個人喜歡的色粉及食用色素，調出符合聖誕節的色彩。例如白色、紅色、綠色、黃色、咖啡色等，可以自己嘗試變化看看。

## 🍴 作法

**❶** 將波蘿皮麵團調成喜歡的顏色。

**❷** 波蘿麵包麵團分割成6個，做出右頁A（2個手撕麵包）、B（2個嵌鑲式麵包）、C（2個組件黏貼式麵包）。這3款麵包當中，A須將麵包麵團繼續分割成12份再滾圓。

**❸** A使用了綠色的波蘿皮麵團，B使用的波蘿皮麵團會將聖誕樹的組件壓進底座裡，C用的波蘿皮麵團須以星型壓模壓出造型。再分別將波蘿皮麵團，黏在噴過水的麵包麵團上，依個人喜好撒上細砂糖。

**❹** 以預熱至170度的烤箱烘烤17分鐘左右，放涼再用糖霜或巧克力筆作裝飾（裝飾的材料：p.33）。A的裝飾品是另外用硬質波蘿皮麵團（參閱：p.91）烘烤而成，再用糖霜黏上去。

麵包麵團分割成6份後，要再做A的話，繼續分割成12份。

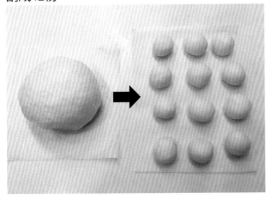

A的聖誕樹手撕麵包，要像照片這樣排好再烘烤。

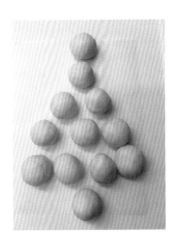

B

A

C

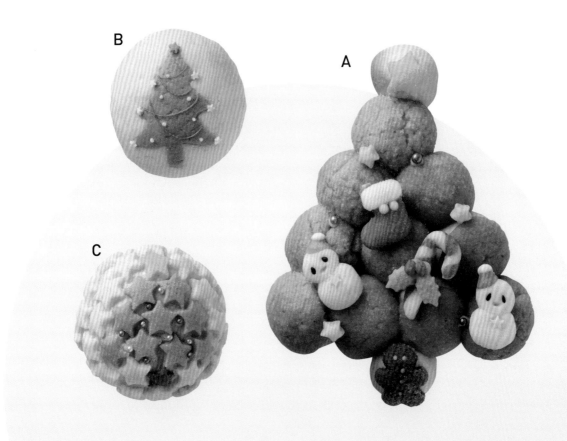

# 情人節

把心意，全部濃縮在大大的
情人節造型波蘿麵包裡，
傳達給最重要的人。

116

這就是最棒的情人節禮物

# 情人節造型波蘿麵包

## 🍴 材料

**—波蘿皮麵團—**

請參考p.12的材料。p.12的材料分量可以做出做出10個麵包。

**—波蘿皮麵團與調色—**

喜歡幾種顏色，便請將波蘿皮麵團分成幾種顏色，分別調色後自由創作。

## 🔪 作法

1. 將波蘿皮麵團調成喜歡的顏色。

2. 麵包麵團（作法：p.14）如右圖這樣分割成10份（50g1個、30g2個、剩下的分割成7個）。

3. 情人節的波蘿皮麵團備妥後，黏在噴過水的麵包麵團上，依個人喜好撒上細砂糖。合計10個麵包，要塞得進大小2個愛心（紙模：p.130）裡。

4. 以預熱至170度的烤箱烘烤19分鐘左右（比一般的烘烤時間多增加2分鐘，感覺快要燒焦時，輕輕地蓋上鋁箔紙再烘烤）。待烤好放涼後，用喜歡裝飾品裝點一番（裝飾的材料：p.33）。

**POINT 1**

將壓出造型的麵團組件以及要嵌鑲的組件準備好，可自由創作黏貼或覆蓋在麵包麵團上。

**POINT 2**

蓋上保鮮膜備用，以免表面變乾燥。

**POINT 3**

最後將大小不同的10個麵團，像照片這樣排列。大小2個愛心模型，是用牛奶盒製作而成（紙模：p.130）。牛奶盒要用烘焙紙包起來，以訂書機固定好。照片中的2個小盤子，是用來壓著避免移動。

Pineapple Bun 39

做出不同以往的一口壽司

# 壽司造型波蘿麵包

## 🍴 材料

**－波蘿皮麵團－**

請參考p.12的材料。

**－波蘿皮麵團與調色－**

用波蘿皮麵團做出喜歡的各種壽司食材。

## 🍴 作法

1. 將波蘿皮麵團調成喜歡的顏色。

2. 取80g基本的麵包麵團（作法：p.14），以每個5g的方式，分成16個麵包麵團，再滾成橢圓形。

3. 將大小約3×6cm左右調好色的波蘿皮麵團，黏在噴過水的麵包麵團上，依個人喜好撒上細砂糖。

4. 以預熱至170度的烤箱烘烤15～16分鐘就完成了。小顆的鮭魚卵要多做一些，烤好後再放上去。蛋、星鰻的海苔以及軍艦壽司的海苔，要等麵包烤好後，捲上黑色波蘿皮麵團再烤2～3分鐘。

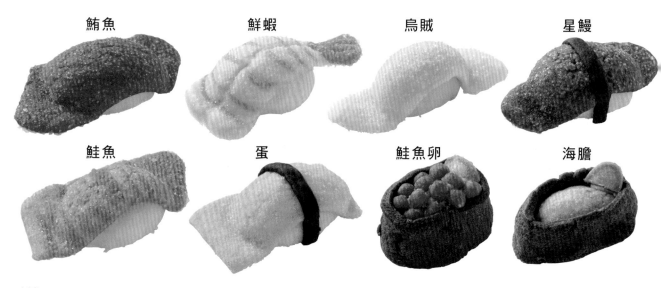

鮪魚　　　鮮蝦　　　烏賊　　　星鰻

鮭魚　　　蛋　　　鮭魚卵　　　海膽

# 壽司
## SUSHI

醬油盤裡裝的居然是巧克力醬！

波蘿皮麵團用不完，就拿來製作小巧的造型波蘿麵包吧！
做成壽司大小尺寸剛剛好，方便拿取一口吃下。

## POINT 1

做出大小約3×6cm左右，個人喜歡的食材（紙模：p.135）。鮭魚卵要用紅色麵團做出小顆粒狀。

## POINT 2

將烤好後的鮭魚卵和小黃瓜，擺在烤好的壽司飯上，捲上當作海苔的黑色波蘿皮麵團後，接著再烤2～3分鐘。

# 地球

EARTH

地球只有一個，需要大家共同守護它，
用造型波蘿麵包來做生氣蓬勃的地球吧！

Pineapple Bun 40

讓我們的世界充滿愛
# 地球村造型波蘿麵包

## 🍴 材料

### － 波蘿皮麵團 －
請參考p.12的材料。p.12的材料分量可以做出3個。

### － 波蘿皮麵團與調色 －
用量請依個人喜好增減。
- 綠色（抹茶粉加上食用色素）
- 水藍色（食用色素）

### POINT 1

將綠色的陸地壓進水藍色麵團裡，蓋上保鮮膜再用擀麵棍擀一擀，使之融為一體。

## 🍴 作法

1. 取1/4的波蘿皮麵團調成綠色，剩下的調成水藍色。綠色的麵團須冰起來變硬一點才容易操作，接著要撕一撕做成「陸地」，常溫的水藍色麵團擀平後，再將「陸地」壓進「海洋」裡。

2. 麵包麵團（作法：p.14）分割成3個後滾圓。

3. 將波蘿皮麵團覆蓋在噴過水的麵包麵團上，撒上細砂糖之後，用刀子或比薩刀等劃出直線與橫線。

4. 以預熱至170度的烤箱烘烤18分鐘左右就完成了。環繞在四周的小朋友及動物，是用硬質波蘿皮麵團（參閱：p.91）另外烘烤而成。請大家多方嘗試做做看。

# 用造型波蘿麵包
# 將大家連結在一起

花田惠理子
（Eriko Hanada）
Instagram：@elly.hana
cookpad：elly－hana

「造型波蘿麵包協會」是靠「造型波蘿麵包」研習會及企畫所得收益，進行慈善活動的非法人團體，將10％的收益，挪作協會的經營管理費用及捐款。現在就來為大家介紹，認同本協會宗旨的各位講師，也就是每位「慈善會員」與她們的作品。每個地區及每位講師的授課內容、課程費用皆不相同，詳情請上造型波蘿麵包協會Facebook網頁，或向各講師洽詢。

神奈川縣橫濱市
## 造型波蘿麵包協會
活動情形、洽詢方式▶Facebook：「メロンパンdeコッタ協会」

加藤江美
（Emi Kato）

福岡縣直方市
## Home made Bread ORANGE
Instagram：@home_made_bread_orange
Facebook：「直方手ごねぱん教室 ORANGE」

奥林純子

（ Junko Okubayashi ）

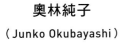

## BREAD&DAY

Instagram：@aroma_bakes

Ameba部落格：「おくばはし じゅんこ」

北地久美子

（ Kumiko Kitaji ）

千葉縣千葉市

## 麵包教室FUTABA

Instagram：@futaba.bread1001

Ameba部落格：「パン教室FUTABAのブログ」

澤本和美
（Kazumi Sawamoto）

石川縣河北郡津幡町
**LAGURAS手作教室**
Instagram：@laguras_kazumi
LINE：@crt8023g

町山亞古
（Ako Machiyama）

東京都國分寺市
**Baco-pan教室**
Instagram：@bacomachi
官網：baco-pan.com

杉尾杏香
（Kyoka Sugio）

宮崎縣宮崎市

## 居家麵包教室topan

Instagram：@kyochan0315
YouTube：「京香先生のかわいいパン作り
チャンネル」

白井貞子
（Teiko Shirai）

大分縣大分市

## Felice piatto麵包教室

Instagram：@an08go
FacebooK：「白井貞子」

### 慈善會員在做什麼？

每位伙伴以慈善活動為目的，在課程中
使用了「造型波蘿麵包」這一個名稱，
進行食譜推廣。

# 造型波蘿麵包的「驚人奇蹟」

　　二〇一六年春天，我看見妻子花田惠理子為了兒子製作的波蘿麵包，坦白說當時真的驚為天人，因為我從來沒看過這樣的麵包。

　　我希望大家也能夠欣賞到這樣難能可貴的麵包，於是開始在社群網站上投稿。沒想到，後來竟然受到熱烈回響，大概從第三篇貼文開始，我便加上了「造型波蘿麵包」（編注：日文原文為メロンパンdeコッタ）這個名稱（就是將造型麵包、波蘿麵包組合成一個名詞）。

　　那時候只是想用這個名稱，將妻子做好的成品照片，加上主題標籤以便保存在社群網站上。原本妻子在二十多年前，便持續在為兒童取向的雜誌撰文，主題大多與甜點及手工藝有關，所以總是不辭辛勞，將小朋友會喜歡的菜色和食譜記錄下來。

　　許多網友在社群網站瀏覽之後，開始傳訊來詢問造型波蘿麵包的作法，我心想，說不定能像「卡通造型便當」一樣，讓大家體會到手作的樂趣，於是便將食譜上傳至料理網站和大家分享。

　　結果令人意想不到的是，造型波蘿麵包食譜的搜索次數居然躍升當月的第一名，經料理網站專文報導，網路上也有好幾篇文章介紹之後，更有電視台希望登門採訪。

　　藉由電視節目的播出之後，閱覽妻子社群網站的人數也變多了，陸續有很多人製作「造型波蘿麵包」後上傳網站。

　　此外，這時候有些麵包講師希望增加學生人數、成為認證講師，因此日本各地都有相當多的人前來洽詢。

　　我們夫妻二人為了提供諮詢疲於奔命，但是換個角度想一想，假如這個「造型波蘿麵包」能夠獲得大家關注，並受到大家歡迎的話，這股力量或許能對小朋友的慈善活動捐款有幫助。

於是便在二○一八年六月，成立了「造型波蘿麵包協會」。成立之前，已經和認同慈善宗旨的講師們攜手展開活動。直到目前為止，我們舉辦過「造型波蘿麵包」手作會的志工活動，向兒童餐廳以及兒童養護設施捐贈了廚房紙巾以及清潔劑等物資。並且會隨時將活動消息，上傳至Facebook官方帳號。

二○二○年春天，在新冠病毒疫情擴大的影響之下，和朋友外出飲酒作樂，還有出遠門去旅行等生活樂趣，都受到了許多的限制。即便身處於如此嚴峻的時刻，本書還是在出版社、編輯、攝影師、造型師等許多人合作之下，愉快地創意激盪完成了。

期盼本書能為大家帶來一丁點的光明未來，衷心希望能出現這樣的「奇蹟」。

造型波蘿麵包協會　川原惠介

# 造型菠蘿麵包
# 紙模全集

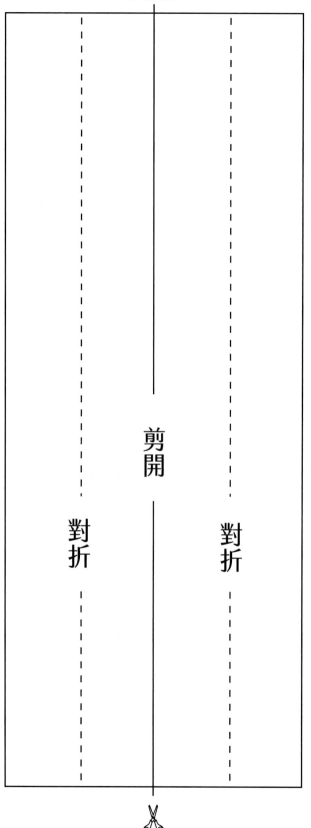

牛奶盒

剪開

對折

對折

第 116 頁

# 情人節

使用的紙模 原尺寸大小

可以用來當作大小愛心的外框。將牛奶盒縱向剪成一半，再縱向對折。大小2個外框，須分別包上烘焙紙再使用。

### 小的愛心

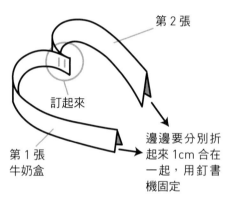

第 2 張

訂起來

第 1 張
牛奶盒

邊邊要分別折起來 1cm 合在一起，用釘書機固定

### 大的愛心

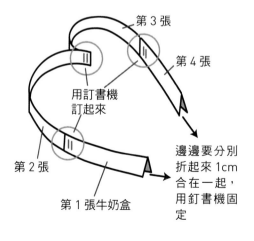

第 3 張

第 4 張

用訂書機
訂起來

第 2 張

第 1 張牛奶盒

邊邊要分別折起來 1cm 合在一起，用釘書機固定

牛奶盒

蝸牛的螺旋狀

12 cm

4.5 cm

多出來的部分

鯉魚旗的外框（2條）

折起來

折起來

剩下來的部分要用來連接

第 70 頁

# 鯉魚旗

使用的紙模　原尺寸大小

可以用來當作鯉魚旗的外框。將牛奶盒縱向剪成4等分後，其中的2張折起來組合在一起，連接的部分用訂書機固定。然後包上烘焙紙再使用。

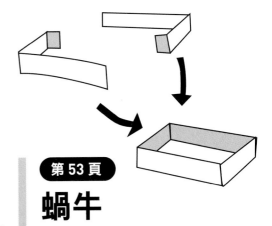

第 53 頁

# 蝸牛

使用的紙模　原尺寸大小

可以用來壓出蝸牛的螺旋狀。將牛奶盒剪成細條狀一圈圈捲在竹籤上，再將手放開就會變成螺旋狀了。用來壓出麵團的紋路。

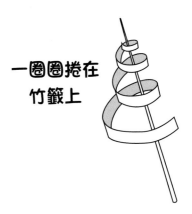

一圈圈捲在
竹籤上

三日月的突角

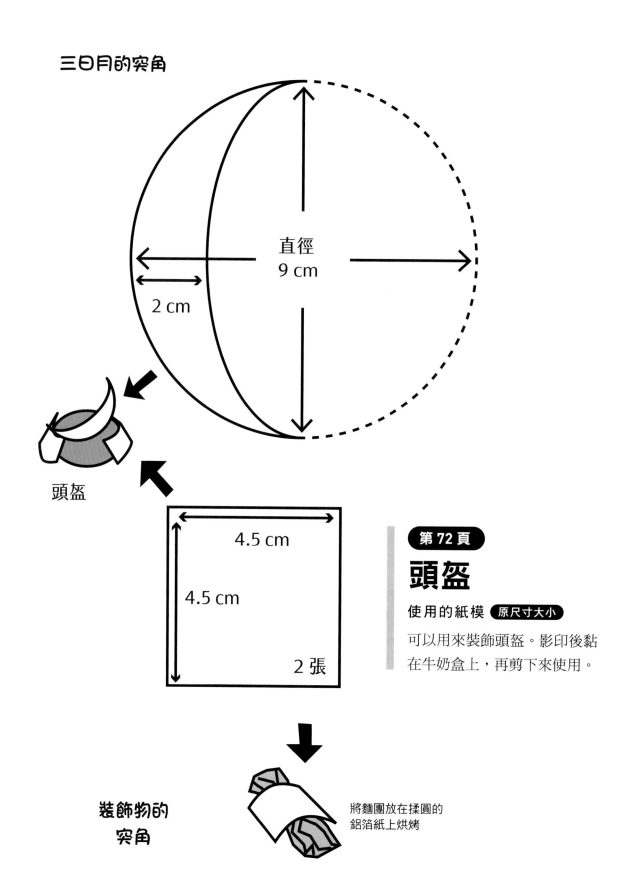

直徑
9 cm

2 cm

頭盔

4.5 cm

4.5 cm

2 張

第72頁

# 頭盔

使用的紙模 原尺寸大小

可以用來裝飾頭盔。影印後黏在牛奶盒上,再剪下來使用。

裝飾物的
突角

將麵團放在揉圓的
鋁箔紙上烘烤

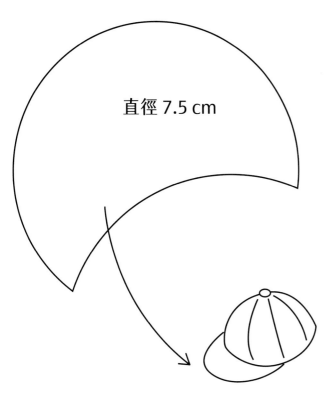

直徑 7.5 cm

第 76 頁

# 帽子的帽簷

**使用的紙模** 原尺寸大小

可以用來製作帽子的帽簷。影印後黏在牛奶盒上,再剪下來使用。

第 101 頁

# 吸血鬼

**使用的紙模** 原尺寸大小

可以用來製作吸血塊的帽子和斗蓬。影印後黏在牛奶盒上,再剪下來使用。

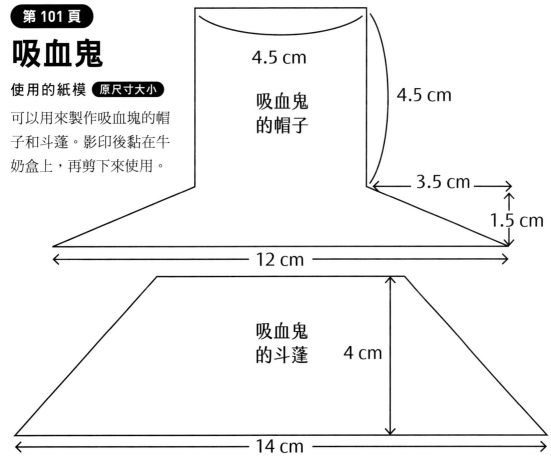

4.5 cm

4.5 cm

吸血鬼
的帽子

3.5 cm

1.5 cm

12 cm

吸血鬼
的斗蓬

4 cm

14 cm

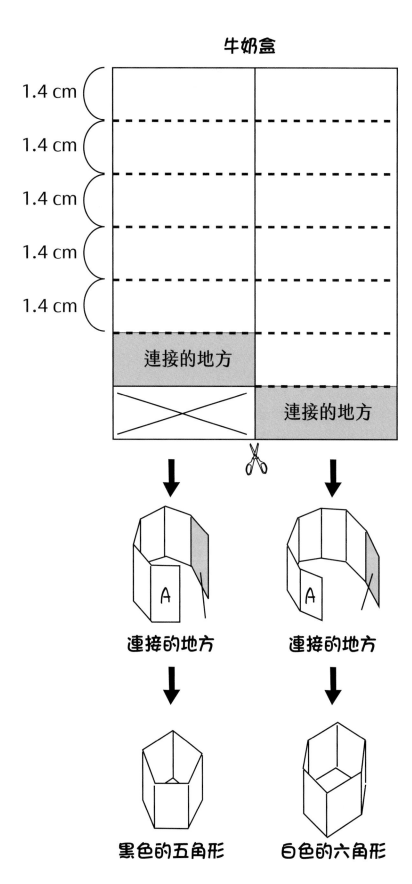

牛奶盒

1.4 cm

1.4 cm

1.4 cm

1.4 cm

1.4 cm

連接的地方

連接的地方

連接的地方　　連接的地方

黑色的五角形　　白色的六角形

第 29 頁

# 足球

**使用的紙模**　原尺寸大小

可以用來製作足球的組件。牛奶盒折好後,將連接的地方疊在A的上面,再用膠帶固定。

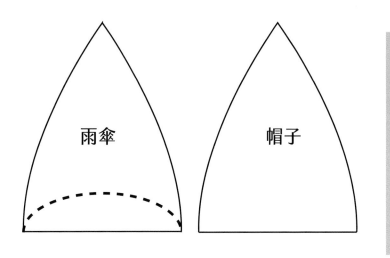

雨傘

帽子

第 75 頁

# 雨傘、帽子

**使用的紙模** 原尺寸大小

可以用來做成雨傘和帽子的組件。影印後黏在牛奶盒上，再剪下來使用。

＊視麵包麵團發酵的情形，有時候波蘿皮麵團會無法完全貼合，因此大小只能當作參考。

第 84 頁

# 椰子樹

**使用的紙模** 原尺寸大小

可以用來做成椰子樹。影印後黏在牛奶盒上，再剪下來使用。

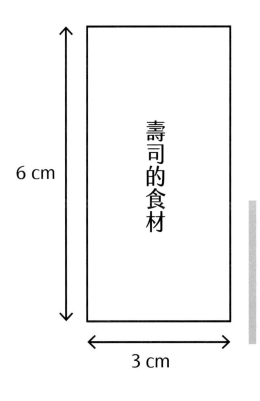

壽司的食材

6 cm

3 cm

第 118 頁

# 壽司

**使用的紙模** 原尺寸大小

請依據這樣的大小，製作出各式各樣的食材。

My Life 生活樹　生活樹系列 088

# 超萌‧百變造型波蘿麵包
## 日本媽媽獨創，可愛造型祕訣大公開，在家做出超驚豔波蘿麵包 50 款
### メロンパンdeコッタ

| | |
|---|---|
| 作　　者 | 花田恵理子（花田えりこ） |
| 譯　　者 | 蔡麗蓉 |
| 總 編 輯 | 何玉美 |
| 主　　編 | 紀欣怡 |
| 責任編輯 | 盧欣平 |
| 封面設計 | 楊雅屏 |
| 版型設計 | 楊雅屏 |
| 內文排版 | 楊雅屏 |

| 日本製作團隊 | 封面、版型設計 | 橘 奈緒 | 製作 | 風間 拓 |
|---|---|---|---|---|
| | 校對 | 東京出版サービスセンター | 編輯 | 中川通（主婦の友社） |
| | 攝影 | 黒澤俊宏 | 主編 | 町野慶美（主婦の友社） |
| | 設計 | 露木 藍 | | < 材料提供 > 富澤商店 (https://tomiz.com) |
| | 攝影協助 | 川原良介 | | 栗の実 (https//www.kurinomi.shop) |
| | 紙模製作 | 藤田裕美 | | < 攝影協助 > AWABEES(03-5786-1600) |
| | | | | UTUWA(03-6447-0070) |

| | |
|---|---|
| 出版發行 | 采實文化事業股份有限公司 |
| 行銷企畫 | 陳佩宜‧黃于庭‧蔡雨庭‧陳豫萱‧黃安汝 |
| 業務發行 | 張世明‧林踏欣‧林坤蓉‧王貞玉‧張惠屏 |
| 國際版權 | 王俐雯‧林冠妤 |
| 印務採購 | 曾玉霞 |
| 會計行政 | 王雅蕙‧李韶婉 |
| 法律顧問 | 第一國際法律事務所　余淑杏律師 |
| 電子信箱 | acme@acmebook.com.tw |
| 采實官網 | www.acmebook.com.tw |
| 采實臉書 | www.facebook.com/acmebook01 |

| | |
|---|---|
| Ｉ Ｓ Ｂ Ｎ | 978-986-507-400-5 |
| 定　　價 | 360 元 |
| 初版一刷 | 2021 年 6 月 |
| 劃撥帳號 | 50148859 |
| 劃撥戶名 | 采實文化事業股份有限公司 |
| | 10457 台北市中山區南京東路二段 95 號 9 樓 |
| | 電話：(02) 2511-9798　　傳真：(02) 2571-3298 |

國家圖書館出版品預行編目資料

超萌‧百變造型波蘿麵包：日本媽媽獨創，可愛造型祕訣大公開，在家做出超驚豔波蘿麵包 50 款 / 花田恵理子著；蔡麗蓉譯. -- 初版. -- 臺北市：采實文化事業股份有限公司, 2021.06
136 面；19×26 公分. -- [生活樹；88]
譯自：メロンパンdeコッタ
ISBN 978-986-507-400-5[ 平裝 ]

1. 點心食譜　2. 麵包

427.16　　　　　　　　　　　110006808

メロンパンdeコッタ
© Eriko Hanada 2020
Originally published in Japan by Shufunotomo Co., Ltd
Traditional Chinese edition copyright ©2021 by ACME
Publishing Co., Ltd.
Translation rights arranged with Shufunotomo Co., Ltd.
Through Keio Cultural Enterprise Co., Ltd.
All rights reserved.